全国技工院校机械类专业通用（高级技能层级）

高级焊工工艺与技能训练（第三版）习题册

王文安　主编

中国劳动社会保障出版社

简　介

本习题册是全国技工院校机械类专业通用教材（高级技能层级）《高级焊工工艺与技能训练（第三版）》的配套用书。本习题册紧扣教学要求，按照教材章节顺序编排，知识点分布均衡，题型丰富多样，难易配置适当，有助于学生复习巩固所学知识。

本习题册由王文安担任主编，杜东萍担任副主编，林森、张睿、崔元彪、王艳丽参加编写。

图书在版编目(CIP)数据

高级焊工工艺与技能训练（第三版）习题册 / 王文安主编. -- 北京：中国劳动社会保障出版社，2019

全国技工院校机械类专业通用. 高级技能层级

ISBN 978-7-5167-4257-0

Ⅰ. ①高…　Ⅱ. ①王…　Ⅲ. ①焊接工艺 - 中等专业学校 - 习题集　Ⅳ. ①TG44-44

中国版本图书馆 CIP 数据核字（2019）第 276721 号

中国劳动社会保障出版社出版发行

（北京市惠新东街 1 号　邮政编码：100029）

*

三河市潮河印业有限公司印刷装订　　新华书店经销

787 毫米 ×1092 毫米　16 开本　4.5 印张　107 千字

2019 年 12 月第 1 版　　2025 年 5 月第 2 次印刷

定价：8.00 元

营销中心电话：400-606-6496

出版社网址：http://www.class.com.cn

http://jg.class.com.cn

目 录

绪 论

一、填空题（将正确答案填写在横线上）

1．焊接是通过________或________，用或不用填充材料，使焊件达到原子结合的一种热加工方法。

2．金属的焊接，按其工艺过程的特点分为熔焊、压焊和________三大类。

3．熔焊是在焊接过程中，将焊件接头加热至________状态，不加压完成焊接的方法。

4．常见的钎焊方法有________________、火焰钎焊等。

5．在机械制造过程中，使两个或两个以上零件连接在一起的方法有螺纹连接、铆钉连接和焊接等；不可以拆卸的是________。

二、判断题（正确的，在括号内画“√”；错误的，在括号内画“×”）

1．焊接可以将金属材料和某些非金属材料永久地连接起来。（　　）

2．铆接和螺栓连接都是一种可以拆卸的连接方式。（　　）

3．钎焊所使用的钎料，其熔点应该比母材的熔点高，这样才能满足焊接的需要。（　　）

4．氩弧焊属于钎焊的一种。（　　）

5．电渣焊属于熔焊的一种。（　　）

三、简答题

1．为什么在焊接时要加热、加压或同时加热、加压？

2．焊接与铆接、铸造相比，具有哪些优点？

模块一 焊条电弧焊

任务1 认识焊条电弧焊及弧焊电源

一、填空题（将正确答案填写在横线上）

1．焊条电弧焊是利用电弧放电时所产生的________作为热源，加热并熔化焊条和焊件，并使之相互熔合，形成牢固接头的焊接过程，又称为手工电弧焊。

2．焊条电弧焊的基本焊接电路由弧焊电源、焊钳、焊接电缆、________、电弧、焊件等组成。

3．弧焊电源可分为四大类型：交流弧焊电源、直流弧焊电源、脉冲弧焊电源和________。

4．弧焊逆变器的特点是高效、________、质量轻、体积小、焊接性能优良。

5．焊钳是用来夹持________进行焊接的工具。

6．焊接电缆的作用是传导________电流。

7．焊条由焊芯和________两部分组成。

8．锉刀用于修整焊件坡口钝边、毛刺和________根部的接头。

9．防护手套是焊接时进行安全防护的用具，它具有耐磨、抗割、________及隔热性能。

10．防护面罩分为________和头盔式两种。

11．电弧产生和维持的条件是____________________和气体电离。

12．防护面罩是防止焊接时产生的飞溅、________及其他辐射对焊工面部及颈部造成损害的一种遮蔽工具。

二、判断题（正确的，在括号内画“√”；错误的，在括号内画“×”）

1．弧焊电源是在焊接电路中为电弧提供热能的装置。（ ）

2．焊芯的作用是传导焊接电流。（ ）

3．焊钳必须具有良好的绝缘性能与耐热能力。（ ）

4．清渣时焊工应佩戴护目镜。（ ）

5．BX1–315 型弧焊电源是交流弧焊电源。（ ）

6．焊接电缆的常用长度不超过 20 m。（ ）

7．电焊钳的规格有 300 A 和 500 A 两种。（ ）

8．弧焊时，电弧的静特性曲线与电源的外特性曲线的交点是电弧燃烧的工作点。（ ）

9．焊机空载电压一般不超过 100 V，否则将对焊工产生危险。（ ）

10．弧焊整流器是一种将直流电转换成交流电的焊接电源。（ ）

11．手工电弧焊采用短弧可减少气孔的产生。（ ）

12．护目镜片有减弱弧光和过滤红外线、紫外线的作用。（ ）

13．焊工应穿深色的工作服，因为深色易吸收弧光。（ ）

14．焊机的安装检查应由电工进行，而修理则由焊工自己完成。（ ）

15．在焊条电弧焊施焊前，应检查设备绝缘的可靠性、接线的正确性、接地的可靠性、电流调整的可靠性等。 （　　）

三、名词解释

1．电弧静特性

2．弧长

四、简答题

1．如何正确选择电焊机？

2．对电焊机有什么要求？

3．焊接电弧由哪几部分组成？

4．简述焊接电弧静特性曲线的意义。

5．直流手工电弧焊机具有哪些特点？

任务2　引弧及平敷焊

一、填空题（将正确答案填写在横线上）

1．焊接电弧由阴极区、阳极区和________三部分组成。

2．焊接接头的组成包括焊缝区、________________、热影响区。

3．焊缝金属中的有害元素有氮、氧、________、硫、磷等。

4．焊条药皮中加入一定量的合金元素，有利于焊缝金属____________并补充________________，以得到满意的__________________。

5．焊缝表面与母材的交界处称为________。

6．焊接时，电弧电压随着电弧长度的增加而________。

7．焊条按药皮熔化后的熔渣特性分为________焊条和________焊条。

8．引燃电弧的方法有两种：一是____________________，二是直击引弧法。

9．焊条电弧焊的基本焊接电路由弧焊电源、焊钳、焊接电缆、焊条、________、焊件等组成。

10．焊条可作为电极，又可作为________________，与母材熔合后形成________。

二、判断题（正确的，在括号内画“√”；错误的，在括号内画“×”）

1．药皮焊条与光焊条相比，容易产生焊缝夹渣。 (　　)

2．焊接长焊缝时，连续焊变形最大。 (　　)

3．焊接电压增加时，焊缝厚度和余高将略有减小。 (　　)

4．焊条直径越大，所产生的电阻热就越大。 (　　)

5．E5015 型焊条使用交流焊机时不容易引弧。 (　　)

6．E4303 型焊条的抗拉强度大于 E5015 型焊条。 (　　)

7．焊接接头中最危险的焊接缺陷是焊接裂纹。 (　　)

8．E5015 型焊条是典型的碱性焊条。 (　　)

三、名词解释

1．焊接电弧

2．正接

3．引弧

4．多道焊

四、简答题

1．按作用来分，焊条药皮的组成物质分为哪几种？

2．简述焊条选用的原则。

3．简述氮元素、氢元素和氧元素对焊缝金属的作用及危害性。

4．简述引弧的方法及注意事项。

5. 手工电弧焊运条的方法有哪几种?

6. 什么是正接，什么是反接？如何选用?

7. 焊接过程中的收弧方法有哪几种?

8. 焊条如何储存才能防止变质?

9. 什么是焊接电弧的偏吹、磁偏吹?简述产生偏吹和磁偏吹的原因及预防方法。

任务3 平 角 焊

一、填空题(将正确答案填写在横线上)

1. 焊接接头的坡口根据其形状不同可分为V形坡口、________和U形坡口。
2. 焊缝基本符号是表示焊缝________的符号。
3. 熔焊采用的保护形式有三种,即渣保护、气保护和________联合保护。
4. 烘干碱性焊条时,一般需350 ~ 400℃,保温________h。
5. 在焊接过程中,熔化金属流淌到焊缝以外未熔化的母材上形成的金属瘤称为________。
6. 焊接时常见的焊缝内部缺陷有未焊透、未熔合、________、内部气孔、内部裂纹等。
7. 焊接接头的基本形式有对接接头、________、T形接头、搭接接头。

8．按焊缝空间位置的不同，可分为平焊缝、________________、横焊缝、仰焊缝及斜焊缝五种。

二、判断题（正确的，在括号内画“√”；错误的，在括号内画“×”）

1．板厚为 20 ～ 60 mm 时，可采用 V 形坡口。（ ）

2．钝边的尺寸要保证第一层焊缝能焊透。（ ）

3．根部间隙是指在接头根部之间预留的间隙，这也是为了保证接头根部能焊透。（ ）

4．焊接是一种可拆卸的连接方式。（ ）

5．熔焊是一种既加热又加压的焊接方法。（ ）

6．钢板厚度在 6 mm 以下一般不开坡口。（ ）

7．收弧时应填满弧坑。（ ）

8．对于手工电弧焊，应采用具有陡降外特性曲线的电源。（ ）

9．焊接电压增加时，焊缝厚度和余高将略有减小。（ ）

10．氢气不但会使焊件产生气孔，也会促使形成再热裂纹。（ ）

11．坡口的选择不用考虑加工的难易。（ ）

12．焊接接头热影响区组织主要取决于焊接线能量，过大的焊接线能量会造成晶粒粗大和脆化，降低焊接接头的韧性。（ ）

13．T 形接头平角焊时，焊条电弧应偏向厚板一边，以保证焊接质量。（ ）

14．开坡口焊接可以降低 T 形接头的应力集中。（ ）

15．角焊接时焊层越多，变形越小。（ ）

三、名词解释

1．焊接接头

2．对接接头

3．坡口

4．钝边

5．咬边

6. 自由变形

四、简答题

1. 焊接裂纹可分为哪几种？

2. 焊接变形的种类有哪些？

3. T形接头有哪几种形式？

4. 角接接头有哪几种形式？

5. 简述平角焊的操作要点。

任务 4　V 形坡口板对接平焊

一、填空题（将正确答案填写在横线上）

1. 金属材料的工艺性能包括铸造性能、____________、锻造性能、切削加工性能和热处理性能。

2. 黑色金属主要有钢和________两大类。

3. 单面焊双面成形的焊件，打底焊的焊接方式有________和________两种。

4. 焊件在垂直于焊缝方向上的应力和变形叫________应力和变形。

二、判断题（正确的，在括号内画"√"；错误的，在括号内画"×"）

1. 焊接应力和变形在焊接时必然会产生，这是无法避免的。（　　）

2. 严格控制熔池温度不能太低是防止产生焊瘤的关键。（　　）

3. 在同样厚度和焊接条件下，X 形坡口的变形比 V 形坡口大。（　　）

4. 焊接时电流过小、焊速过高、热量不够或者焊条偏离坡口一侧，易产生未熔合缺陷。（　　）

5. 在所有焊接接头中，以对接接头应用最为广泛。（　　）

6. 开坡口时要求焊缝双面成形，采用的打底焊焊条的直径最好不要超过 3.2 mm。（　　）

7. 只有单面角焊缝的 T 形接头，其承载能力较低。（　　）

8. 厚板的缺口容易使材料变脆。（　　）

三、名词解释

1. 未焊透

2．焊瘤

3．焊道

4．平焊位置

5．单面焊双面成形

6．反变形

7．平焊

四、简答题

1．简述焊缝产生弧坑的原因。

2．焊接变形的种类有哪些？

3．手工电弧焊时减少和避免气孔的措施有哪些？

4．简述平焊单面焊双面成形的操作要点。

任务 5　V 形坡口板对接立焊

一、填空题（将正确答案填写在横线上）

1．登高作业时不准将电缆线缠在________________或搭在肩膀上。

2．焊接时会产生多种有毒气体，其中主要有臭氧、____________、氮氧化物和氟化氢等。

3．焊接弧光辐射主要有可见光线、________和紫外线辐射。

二、判断题（正确的，在括号内画“√”；错误的，在括号内画“×”）

1．单面焊双面成形只用于 V 形坡口和 U 形坡口的对接焊。（　　）

2．焊工不能穿化纤工作服。（　　）

3．登高作业时必须穿戴个人防护用品。（　　）

4．焊接电流太小易引起夹渣。（　　）

三、名词解释

1．立焊

2．仰焊

四、简答题

1．焊接熔渣对焊缝的作用是什么？

2．防止和减少焊接结构变形的工艺措施主要有哪些？

3. 简述手工电弧焊立焊单面焊双面成形的操作要点。

4. 坡口、钝边和间隙各起什么作用?

任务6　V形坡口板对接横焊

一、填空题（将正确答案填写在横线上）

1．熔敷系数是指单位时间、单位________________内焊丝熔敷到焊缝上的金属量。

2．焊接裂纹可分为热裂纹、________、再热裂纹。

3．金属材料的性能包括物理性能、化学性能、力学性能和________________。

二、判断题（正确的，在括号内画“√”；错误的，在括号内画“×”）

1．金属的塑性越好，其可锻性越好。（　　）

2．焊缝的成形系数越小越好。（　　）

三、简答题

1．什么是横焊?

2．V形坡口板对接横焊在焊接过程中易产生哪些缺陷?

3．简述V形坡口板对接横焊的操作要点。

任务7 V形坡口板对接仰焊

一、填空题（将正确答案填写在横线上）

1. 绝对________在电焊机开动的情况下接地线和手把线。

2. 电弧放电时，不仅会产生高热，同时还会产生______________。

二、判断题（正确的，在括号内画“√”；错误的，在括号内画“×”）

1. 硬度是指金属抵抗局部变形，特别是塑性变形、压痕或划痕的能力。（　　）

2. 焊接残余应力能降低所有构件的静载强度。（　　）

三、简答题

简述仰焊单面焊双面成形的操作要点。

任务8 水平固定管焊

一、填空题（将正确答案填写在横线上）

1．金属材料通常可分为黑色金属和______________两大类。

2．焊接场所必须要有良好的________和充足的照明。

3．焊工结束工作后，应认真检查工作现场，确认______________，方可离开。

4．在潮湿场所焊接时，焊工脚下应垫________或绝缘胶板等。

5．阴极的金属表面连续地向外发射出________的现象，称为阴极电子发射。

6．焊条电弧焊的静特性曲线______________。

二、判断题（正确的，在括号内画"√"；错误的，在括号内画"×"）

1．只有经过焊后热处理的焊件，才可能产生再裂纹。（　　）

2．焊芯的化学成分应该和焊件的化学成分始终相一致。（　　）

3．为了减少应力，应该先焊结构中收缩量最小的焊缝。（　　）

4．金属材料焊接性能的好坏主要决定于材料的化学成分。（　　）

5．任何物体在空间不受任何限制，有6个自由度。（　　）

6．焊件不加外来刚性拘束而产生的变形称为自由变形。（　　）

7．管子水平固定位置焊接时，有仰焊、立焊、平焊位置，所以焊条的角度随着焊接位置的变化而变换。（　　）

三、简答题

1．什么是水平固定管焊？

2．水平固定管焊具有哪些特点？

3．防止热裂纹产生的方法有哪些？

任务 9　垂直固定管焊

一、填空题（将正确答案填写在横线上）

1．焊工容易患的职业病有肺尘埃沉着病、________________和________________等。

2．焊缝中心形成的热裂纹往往是________________的结果。

二、简答题

1．什么是垂直固定管焊？

2．简述垂直固定管焊的操作要点。

任务 10　小直径管对接 45º 固定焊

一、判断题（正确的，在括号内画“√”；错误的，在括号内画“×”）

1．通常利用测定断弧长度来判定焊条的电弧稳定性。　（　　）

2．对接接头的应力集中主要产生在焊趾处。　（　　）

3．焊接接头是一个成分、组织和性能都不一样的不均匀体。　（　　）

二、名词解释

1．焊波

2．焊接烟尘

3．抗拉强度

三、简答题

简述小直径管对接 45º 焊的操作要点。

任务 11　骑座式管板水平固定全位置焊

一、填空题（将正确答案填写在横线上）

1．电离方式有热电离、________、电场作用电离。

2．梁焊后的残余变形主要是弯曲变形，当焊接方向不正确时也可能产生______________。

二、判断题（正确的，在括号内画“√”；错误的，在括号内画“×”）

1．易燃易爆物品可以直接焊接。（　　）

2．大部分焊接结构的失效是由气孔所引起的。（　　）

3．焊缝表面经机械加工后能提高其疲劳强度。（　　）

4．焊接工艺评定的对象是焊缝而不是焊接接头。（　　）

三、名词解释

1．熔透焊道

2．未熔合

3．管板接头

四、简答题

简述骑座式管板水平固定全位置焊的操作要点。

任务 12　垂直固定管加障碍焊

简答题

1．简述垂直固定管加障碍焊的操作要点。

2．简述垂直固定管加障碍焊的操作注意事项。

模块二　CO_2 气体保护焊

任务 1　认识 CO_2 气体保护焊及其电源

一、填空题（将正确答案填写在横线上）

1．在焊接热源作用下，焊件上某点的温度随________________的过程称为焊接热循环。

2．进行 CO_2 气体保护焊时，脱氧产物相对于液态金属的密度越小越有利于浮出熔池，这样焊缝中残留的________也越少。

3．CO_2 气体保护焊过程中的熔滴过渡形式有短路过渡、________和潜射流过渡三种。

二、判断题（正确的，在括号内画"√"；错误的，在括号内画"×"）

1．气体保护焊易于实现水平固定焊接。（　　）

2．CO_2 气瓶内盛装的是液态 CO_2。（　　）

3．进行 CO_2 气体保护焊时，应先引弧再通气，这样才能使电弧稳定燃烧。（　　）

4．CO_2 气体保护焊使用交流电源焊接时电弧不稳定，飞溅严重，因此只能使用直流电源。（　　）

三、选择题（将正确答案的代号填写在括号内）

1．进行细丝 CO_2 气体保护焊时，熔滴应采用（　　）过渡形式。

A．短路　　B．颗粒状

C．喷射　　D．滴状

2．进行 CO_2 气体保护焊时，使用最多的脱氧剂是（　　）。

A．Si、Mn　　B．C、Si

C．Fe、Mn　　D．C、Fe

3．CO_2 气体保护焊常用焊丝的牌号是（　　）。

A．ER50-1　　B．ER50-3

C．ER50-6　　D．ER50-5

4．细丝 CO_2 气体保护焊的焊丝伸出长度为（　　）mm。

A．<8　　B．8 ~ 15

C．15 ~ 25　　D．>25

5．常用 CO_2 气瓶的容量为（　　）L。

A．10　　B．25

C．40　　D．45

6．CO_2 气体保护焊的生产效率比手工电弧焊高（　　）倍。

A．1 ~ 2　　B．2.5 ~ 4

C．4 ~ 5　　D．5 ~ 6

7. CO_2 气体保护焊使用的焊丝直径在 1 mm 以上的半自动焊枪是（　　）。

A．拉丝式焊枪　　B．推丝式焊枪

C．细丝式焊枪　　D．粗丝水冷焊枪

8. 进行 CO_2 气体保护焊时应（　　）。

A．先通气后引弧　　B．先引弧后通气

C．先停气后熄弧　　D．先停电后停送丝

9. 细丝 CO_2 气体保护焊的电源外特性曲线是（　　）。

A．平硬外特性　　B．陡降外特性

C．上升外特性　　D．缓降外特性

10. 粗丝 CO_2 气体保护焊的焊丝直径为（　　）mm。

A．小于 1.2　　B．1.2

C．≥ 1.6　　D．1.2 ~ 1.5

11.（　　）CO_2 气体保护焊属于气-渣联合保护。

A．药芯焊丝　　B．金属焊丝

C．细焊丝　　D．粗焊丝

12. 进行 CO_2 气体保护焊时，所用 CO_2 气体的纯度不得低于（　　）。

A．80%　　B．99%

C．99.5%　　D．95%

13. 储存 CO_2 气体的气瓶外应涂（　　）色，并标有“CO_2”字样。

A．白　　B．黑

C．红　　D．银白

14. 焊接结构的角变形最容易发生在（　　）的焊接上。

A．V 形坡口　　B．I 形坡口

C．U 形坡口　　D．X 形坡口

15. 焊接时，接头根部未完全熔透的现象称为（　　）。

A．气孔　　B．焊瘤

C．凹坑　　D．未焊透

16. 焊接操作时，如果发生火灾，应（　　），然后采取灭火措施。

A．拨打 119 报警　　B．切断电源

C．立即逃离现场　　D．向上级领导报告

17. 进行气体保护焊时，保护气成本最低的是（　　）。

A．氩气　　B．二氧化碳气体

C．氦气　　D．氢气

四、名词解释

1. CO_2 气体保护焊

2．喷射过渡

3．焊缝宽度

4．补焊

5．送丝速度

五、简答题

1．对于 CO_2 气体的提纯，焊接现场可以采取哪些措施？

2．什么是焊接位置？它是如何表示的？

3．简述进行 CO_2 气体保护焊时产生飞溅的原因及减少飞溅的措施。

4．若细丝 CO_2 气体保护焊的焊接电流选择不当，会对焊接质量及成形产生什么影响？

5．简述焊接接头的定义、组成、作用及类型。

6．什么是熔滴和熔滴过渡？熔滴过渡分为哪几类？

7．进行 CO_2 气体保护焊时，电弧电压选择不当会对焊接质量及成形产生什么影响？

8．简述气体保护焊的原理。

9．气体保护焊是如何分类的？

任务2 平 敷 焊

简答题

1．简述 CO_2 气体保护焊的优点和缺点。

2. 简述 CO_2 气体保护焊引弧的注意事项。

3. 简述 CO_2 气体直线平敷焊的操作要点。

任务3　T形接头平角焊

简答题

1．简述T形接头平角焊的操作要点。

2．简述进行 CO_2 气体保护焊时产生焊瘤的原因及预防措施。

3．简述进行 CO_2 气体保护焊时产生裂纹的原因及预防措施。

任务4　V形坡口板对接平焊

一、填空题（将正确答案填写在横线上）

1．CO_2 气瓶要防止烈日暴晒或靠近热源，以免发生________。

2．CO_2 焊丝有实心焊丝和________焊丝两种。

二、简答题

1．简述药芯焊丝的种类。

2．简述 CO_2 单面焊背面自由成形的原理及各种因素对背面自由成形的影响。

3．简述 V 形坡口板对接平焊的操作要点。

任务5　V形坡口板对接立焊

一、填空题（将正确答案填写在横线上）

1. CO_2气体半自动焊有向上立焊和________________两种方式。

2. CO_2气体V形坡口板对接立焊时，为防止熔滴金属下淌，要求采用比平焊________的焊接电流，并且焊枪的摆动频率要快。

二、简答题

1. 简述V形坡口板对接立焊的操作要点。

2．简述在 V 形坡口板对接立焊的操作过程中未熔合、气孔产生的原因及预防方法。

任务 6　V 形坡口板对接横焊

简答题

1．简述 V 形坡口板对接横焊的操作要点。

2．简述 V 形坡口板对接横焊时产生咬边的原因及预防方法。

任务 7　水平固定管焊

简答题

1．简述水平固定大直径管对接焊的操作要点。

2．简述喷嘴处产生飞溅的原因及预防措施。

任务8　垂直固定管焊

简答题

1．进行 CO_2 气体保护焊时应如何确定焊接方向？

2．简述垂直固定管焊的操作要点。

任务9　V形坡口板对接仰焊

简答题

1．简述V形坡口板对接仰焊的操作要点。

2．简述进行 CO_2 气体保护焊时烧穿的原因及预防措施。

任务 10　插入式管板垂直平焊

简答题

1．插入式管板垂直平焊与板板角平焊的区别是什么？

2．简述插入式管板垂直平焊的操作要点。

模块三 钨极氩弧焊

任务1 认识钨极氩弧焊及其电源

一、填空题（将正确答案填写在横线上）

1．钨极氩弧焊可分为________和自动焊两种。

2．钨极氩弧焊采用气保护，埋弧焊采用________保护，焊条电弧焊采用________联合保护。

3．被熔化的母材部分在焊道金属中所占的比例即为________。

4．不熔化极氩弧焊和等离子弧焊割作业时，常用________________来激发引弧及稳定电弧。

5．熔化极氩弧焊送丝控制包括________、回抽和停止等内容。

6．焊接熔池一次结晶由晶核形成和晶核________两个过程组成。

二、判断题（正确的，在括号内画"√"；错误的，在括号内画"×"）

1．熔化极氩弧焊的熔滴过渡主要采用喷射过渡和短路过渡。（　　）

2．进行手工 TIG 焊时，应尽量采用短弧焊接工艺。（　　）

3．脆断事故一般都起源于具有严重应力集中效应的缺口处。（　　）

4．焊接后，焊件材料的金相组织对其脆性没有什么影响。（　　）

5．为防止脆性断裂，焊接结构使用的材料应具有较好的韧性。（　　）

6．由于异种金属之间性能上的差别很大，所以焊接异种金属比焊接同种金属困难得多。（　　）

7．采用细丝熔化极氩弧焊时，熔滴过渡形式可选择短路过渡。（　　）

8．金属含碳量越高，板厚越大，其淬硬倾向越大。（　　）

三、选择题（将正确答案的代号填写在括号内）

1．钨极氩弧焊在（　　）区间，其静特性曲线为平特性区。

A．小电流　　B．大电流

C．变电流　　D．恒电流

2．氩弧比一般焊接电弧（　　）。

A．容易引燃　　B．稳定性差

C．更具有阴极破碎作用　　D．热量分散

3．熔化极氩弧焊的特点是（　　）。

A．不能焊接铜及铜合金　　B．用钨作为电极

C．焊件变形比手工 TIG 焊大　　D．不采用大电流

4．熔化极氩弧焊在氩气中加入一定量的氧气，可以有效地克服焊接不锈钢时的（　　）环境。

A．阴极破碎　　B．阴极飘移
C．晶间腐蚀　　D．表面氧化

5．氩气和氧气的混合气体用于焊接低碳钢及低合金钢时，氧气的含量可达（　　）。
A．5%　　B．10%
C．15%　　D．20%

6．氩气和氧气的混合气体用于焊接不锈钢时，氧气的含量一般为（　　）。
A．1% ~ 5%　　B．5% ~ 10%
C．10% ~ 20%　　D．20 ~ 25%

7．下列有关氩弧焊特点的说法中不正确的是（　　）。
A．焊缝性能优良　　B．焊接变形大
C．焊接应力小　　D．可焊的材料多

8．钨极氩弧焊的代表符号是（　　）。
A．MEG　　B．TIG
C．MAG　　D．PMEG

9．严格控制熔池温度（　　）是防止产生焊瘤的关键。
A．不能太高　　B．不能太低
C．可能高些　　D．可能低些

10．用钨极氩弧焊焊接（　　）接头，氩气保护效果最佳。
A．搭接　　B．T形
C．角接　　D．对接

11．在铜及铜合金焊接前，工件常需要预热，预热温度一般为（　　）。
A．100 ~ 150℃　　B．200 ~ 250℃
C．300 ~ 700℃　　D．700 ~ 800℃

12．焊接接头冲击试样的缺口不能开在（　　）位置。
A．焊缝　　B．熔合线
C．热影响区　　D．母材

13．熔化极氩弧焊焊接铝及铝合金采用的电源及极性是（　　）。
A．直流正接　　B．直流反接
C．交流焊　　D．直流正接或交流焊

14．钨极氩弧焊焊接铝及铝合金常采用的电源及极性是（　　）。
A．直流正接　　B．直流反接
C．交流焊　　D．直流正接或交流焊

15．焊前焊件坡口边缘的检查与清理时间属于（　　）时间。
A．机动　　B．与焊缝有关的辅助
C．与工件有关的辅助　　D．额外

四、名词解释

1．钨极氩弧焊

2．脉冲喷射过渡

3．电弧稳定性

4．脉冲氩弧焊

五、简答题

1．铜及铜合金焊接时产生气孔的原因是什么？

2．管子水平对接全位置焊选择哪种焊接方法最为理想？

3．在使用钨极氩弧焊焊接铝、镁及其合金时，采用直流正极性好还是负极性好？为什么？

任务2　低非合金钢板对接平焊

一、填空题（将正确答案填写在横线上）

1. 手工钨极氩弧焊的主要焊接参数有钨极直径、________________、电弧电压、焊接速度、焊接电源的种类和极性、氩气流量、喷嘴直径、喷嘴与焊件间的距离、钨极伸出长度等。

2. 通常根据焊件的材质、________来选择焊接电流。

3. 钨极直径应根据________________而定。

4. 电弧电压主要由弧长来决定。弧长增加，容易产生未焊透等缺陷，并使氩气保护效果变差。因此，应在电弧不短路的情况下，尽量控制________，一般弧长近似等于钨极直径。

5. 焊接速度通常由焊工根据熔池的大小、________和焊件熔合情况随时调节。过快的焊接速度会破坏气体保护氛围，焊缝容易产生未焊透和气孔缺陷；焊接速度太慢时，焊缝容易烧穿和咬边。

6. 手工钨极氩弧焊可以采用交流或________两种焊接电源。采用哪种电源与所焊金属或合金种类有关。

7. 喷嘴与焊件间的距离以 8 ~ 14 mm 为宜。距离过大，气体保护效果差；距离过小，虽对气体保护有利，但能观察的________和保护区域变小。

8. 手工钨极氩弧焊基本操作技术主要包括引弧、焊枪移动、________、收弧和焊道接头等。

9. 手工钨极氩弧焊的引弧方法有两种：一种是短路接触引弧，另一种是________引弧。

二、简答题

1. 如何选择钨极直径和焊接电流？

2．简述低非合金钢板对接平焊填丝时的注意事项。

3．简述低非合金钢板对接平焊的操作要点。

任务3　小直径管水平固定氩弧焊

一、填空题（将正确答案填写在横线上）

1．管水平固定对接焊包括平焊、立焊和________三种位置。

2．进行钨极氩弧焊时要根据焊件的材质，选取不同的________和极性，这对保证焊接质量很重要。

3．钨极氩弧焊所用的焊丝主要有两大类，即钢焊丝和________焊丝。

4．在进行手工钨极氩弧焊时，焊丝的作用是填充金属与熔化的母材混合而形成的________。

5．钨极氩弧焊焊丝在使用前应采用机械方法或化学方法清除其表面的油脂、锈蚀等，并使其露出________。

6．钨是一种难熔的金属材料，能耐高温，其熔点高达 3 410℃，导电性好，强度高。钨极氩弧焊使用钨极作为电极，起传导电流、________________和维持电弧正常燃烧的作用。

7．钨极除应耐高温、电流容量大、施焊损耗小之外，还应具有很强的________________能力，从而保证引弧容易、电弧稳定。

8．钨极必须经过清洗抛光或磨光。清洗抛光是指在拉拔或锻造加工之后，用________方法除去表面杂质。

9．常用的钨极材料有纯钨极、________和铈钨极等。

10．钨极端部的质量对焊接电弧稳定性及焊缝成形有很大影响，因此，在使用前应对钨极端部进行________。

11．使用交流电时，钨极端部应磨成________，以减小极性变化对电极的损耗；使用直流电时，因电源多采用直流正接，为使电弧集中燃烧稳定，钨极端部多磨成________形；用小电流施焊时，可以磨成圆锥形。

二、简答题

1．简述手工钨极氩弧焊对焊丝的要求。

2．简述小直径管水平固定氩弧焊打底焊时的操作要点及注意事项。

任务4　小直径管垂直固定氩弧焊

简答题

1．简述小直径管垂直固定氩弧焊的操作要点。

2. 简述小直径管垂直固定氩弧焊的操作注意事项。

3. 手工钨极氩弧焊电源具有什么特点？

任务 5　小直径管对接水平固定加障碍管焊

简答题

1．障碍管的焊接位置与一般管对接焊的焊接位置有什么区别?

2．简述垂直固定加障碍管焊的操作要点及注意事项。

3．简述混合气体的种类及应用。

任务 6　大直径管对接水平固定组合焊（TIG 焊 + 焊条电弧焊）

简答题

1. 简述手工钨极氩弧焊打底、焊条电弧焊盖面的优点。

2. 简述大直径管对接水平固定组合焊（TIG 焊 + 焊条电弧焊）的操作过程及要点。

任务7 小直径铝合金管水平固定氩弧焊

简答题

1. 简述铝及铝合金的焊接性能。

2．什么是熔化极氩弧焊？

任务 8　大直径中厚壁管对接水平固定组合焊（TIG 焊 +CO_2 焊）

简答题

1．简述大直径中厚壁管对接水平固定组合焊（TIG 焊 +CO_2 焊）的操作过程。

2．氩弧焊主要应用在什么地方？

模块四　气　　焊

任务 1　认识气焊及其设备

一、填空题（将正确答案填写在横线上）

1．气焊熔剂按所起的作用不同，可分为化学反应熔剂和________________两大类。

2．化学反应熔剂由一种或几种酸性氧化物或碱性氧化物构成，所以又称为酸性熔剂或________。

3．焊丝可分为非合金钢焊丝、低合金钢焊丝、铜及铜合金焊丝、________________焊丝、________焊丝等。

二、简答题

1．简述气焊的原理、特点及应用。

2．简述氧气的性质。

3．简述乙炔的性质。

4．简述对焊丝的基本要求。

5. 简述气焊熔剂的作用及对气焊熔剂的要求。

6. 气焊熔剂应如何选用和保存？

7. 简述气焊火焰的分类。

任务2　薄钢板对接平焊

简答题

1．简述薄钢板对接平焊的操作要点。

2．简述薄钢板对接平焊的操作过程。

3．为什么气瓶不能放空，要存有一部分余气？

任务3　管对接水平固定焊

简答题

1．简述管对接水平固定焊的操作过程。

2．简述气瓶加装安全帽的作用。

模块五　切　　割

任务1　中厚板氧-丙烷气割

一、填空题（将正确答案填写在横线上）

1. 进行大厚度工件焊接时，为保证电弧能深入接头根部，使接头根部________，并且能调节焊缝金属中母材和填充金属的比例，所以必须开坡口。

2. 根据氧气与乙炔混合比的不同，可得到三种不同性质的火焰，即中性焰、氧化焰和____________。

二、名词解释

1. 回烧

2. 逆火

三、简答题

1. 简述气割的基本原理及应用范围。

2. 金属能够进行气割的条件是什么？

3．简述割炬的分类。

4．简述中厚板氧–丙烷气割的过程及操作要点。

任务 2　不锈钢板空气等离子弧切割

一、填空题（将正确答案填写在横线上）

1．等离子弧切割设备主要有切割电源、________、割炬等。

2．进行等离子弧切割时，为了保证切割工艺参数的稳定，应采用具有陡降外特性的____________。

二、名词解释

1．转移弧

2．非转移弧

3．联合弧

三、简答题

1．简述等离子弧切割的基本原理及特点。

2．简述等离子弧切割的分类。

3．简述不锈钢板空气等离子弧切割的操作步骤及要点。

模块六　其他焊接和切割技术

任务 1　中厚板平位对接埋弧焊

一、填空题（将正确答案填写在横线上）

1．电弧焊的过程一般包括引燃电弧、正常焊接和____________三个阶段。

2．埋弧自动焊与手工电弧焊的根本区别在于，埋弧自动焊焊丝的送进和电弧沿着焊接方向的移动都是自动的，并且有相应的____________作用。

3．埋弧焊所用焊丝有实心焊丝和________焊丝两大类。

4．埋弧焊使用的焊剂是颗粒状可熔化的物质，其作用相当于焊条的________。

5．埋弧焊采用颗粒状焊剂进行保护，一般只适用于________及角焊位置的焊接。

6．埋弧自动焊在正常电流下焊接时，其静特性为________区。

7．埋弧焊的实质是一种电弧在颗粒状焊剂下燃烧的________方法。

8．埋弧焊所使用的电源有________与________两大类。

二、判断题（正确的，在括号内画“√”；错误的，在括号内画“×”）

1．埋弧焊对坡口要求不是很严格。（　　）

2．埋弧焊一般限于平焊位置。（　　）

3．埋弧焊的熔深不是很大。（　　）

4．埋弧焊有自动埋弧焊和半自动埋弧焊两种方式。（　　）

5．埋弧焊用焊剂的作用如同焊条的药皮，起着隔绝空气、保护焊缝金属的作用。（　　）

三、简答题

1．埋弧自动焊的实质是什么？

2．埋弧自动焊与手工电弧焊相比，其特点是什么？

3．对埋弧焊焊剂的基本要求是什么？

4．埋弧焊的焊剂与焊丝是如何选配的？

5．埋弧焊焊剂的作用有哪些？

任务2　认识电阻焊及其设备

一、填空题（将正确答案填写在横线上）

1．按焊件的接头形式、工艺方法和所用电源种类的不同，电阻焊可分为点焊、缝焊、________和凸焊。

2．点焊通常分为双面焊和________两大类。

3．按滚盘轮动与馈电方式不同，缝焊可分为连续缝焊、________和步进缝焊。

二、简答题

1．什么是对焊？

2．简述电阻焊的原理及特点。

3．简述点焊的原理、特点及应用。

4．简述缝焊的原理及特点。

任务3　认识激光切割

简答题

1．简述激光切割的原理。

2．简述激光切割的分类。

3．简述激光切割的特点。

4. 简述激光切割的应用。

5. 激光对人体的危害有哪些?